特色农产品质量安全管控"一品一策"丛书

总主编：虞轶俊 王 强

葡萄全产业链质量安全风险管控手册

杨桂玲 赵慧宇 主编

中国农业出版社

北 京

图书在版编目（CIP）数据

葡萄全产业链质量安全风险管控手册 ／ 杨桂玲，
赵慧宇主编. —北京：中国农业出版社，2018.12
ISBN 978-7-109-24882-3

Ⅰ．①葡⋯ Ⅱ．①杨⋯ ②赵⋯ Ⅲ．①葡萄栽培-产业链-安
全管理-浙江-手册 Ⅳ．① S663.1-62 ② F326.13-62

中国版本图书馆 CIP 数据核字（2018）第 260328 号

中国农业出版社出版
（北京市朝阳区麦子店街18号楼）
（邮政编码 100125）
责任编辑 张洪光 阎莎莎

北京通州皇家印刷厂印刷 新华书店北京发行所发行
2018年12月第1版 2018年12月北京第1次印刷

开本：787mm×1092mm 1/24 印张：$3\frac{1}{3}$
字数：70千字
定价：26.00元
（凡本版图书出现印刷、装订错误，请向出版社发行部调换）

《特色农产品质量安全管控"一品一策"丛书》

总 主 编：虞轶俊　王　强

《葡萄全产业链质量安全风险管控手册》

编 写 人 员

主　　编　杨桂玲　赵慧宇

副 主 编　王其松

编写人员　（按姓氏笔画排序）

　　　　　　王其松　　王胜梅　　方华蛟　　刘银兰

　　　　　　许高歌　　李　洋　　李　健　　吾健祥

　　　　　　杨桂玲　　余柏根　　汪　雯　　陈　哲

　　　　　　周海清　　赵慧宇　　徐明飞　　蔡　铮

　　　　　　潘明正

专家团队　吴　江　孙　钧　柴荣耀

插　　图　何　凯

前　言

　　葡萄营养丰富，品种繁多，是世界上栽培面积最大的果树作物之一。我国葡萄栽培主要以鲜食为主，有诗曰"紫乳青藤一架生，星编珠聚透晶莹。枝模锦绣堪帷幔，味比醍醐或玉羹"，诗词将葡萄的玲珑形态、可口味道描述得惟妙惟肖。此外葡萄也可以用于酿酒、制干、榨汁和做醋等。葡萄是浙江省产业发展最快、栽培效益最好的水果，全省现有葡萄栽培面积2.72万公顷，年产量65.9万吨。

　　近年来，虽然我国葡萄产业快速发展，种植规模不断扩大，但是在生产总体形势一片大好的背景下，葡萄产业发展也逐渐暴露了一些问题。由于危害葡萄的主要病虫害种类较多、发生频繁，不科学的使用农药产生了严重的抗药性，生产过程中种植者往往通过增加施药剂量和施药次数来防治，造成了产品质量安全隐患，也为葡萄出口带来了负面影响。从我国葡萄上登记的农药品种来看，杀菌剂数量繁多，杀虫剂数量较少，易形成杀菌剂乱用，杀虫剂缺乏的现象。此外，在生产中不科学使用植物生长调节剂引起了消费者的担忧。

　　浙江省农业厅、浙江省财政厅联合开展了特色农产品全产业链质量安全风险管控（"一品一策"）行动，项目组在多年调查、试验和评估的基础上，围绕优质、高效、安全的生产目标，研究提出了基于葡萄健康栽培的质量安全风险管控技术，运用通俗易懂的卡通图片和简明的文字编写完成《葡萄全产业链质量安全风险管控手册》一书。本书适宜广大葡萄种植者和科技工作者参考使用，为指导葡萄病虫害防治中安全用药、提升葡萄生产与质量安全水平提供技术支撑。

　　在本书编写过程中，吸收了同行专家的研究成果，在此一并表示感谢。由于知识和经验有限，疏漏与不足之处在所难免，敬请广大读者批评指正。

编　者

2018 年 9 月 12 日

目　录

一、葡萄优势品种

1. 巨峰

果粒椭圆形，紫黑色，果粉厚，果皮薄，平均粒重10克，果肉软，有籽，味酸甜，有淡草莓香味，可溶性固形物含量17％以上，鲜食品质优良。属于中熟品种。

巨　峰

2. 藤稔

果粒短椭圆或圆形，紫红或紫黑色，果粉中等，无核化栽培平均粒重15～20克，果肉较软，有籽，味酸甜，可溶性固形物含量15%～17%，鲜食品质良。属于中熟偏早品种。

藤　稔

3.红地球

果粒近圆形，鲜红色，果粉中等，平均粒重12～14克，果肉硬脆，汁中等，味甜，无香味，可溶性固形物含量15%，鲜食品质优。属于晚熟品种。

红地球

4. 夏黑

果粒近圆形，紫黑到蓝黑色，果粉厚，自然果粒小，无核化栽培平均粒重8～10克，果肉硬脆，无籽，有草莓香味，可溶性固形物含量18%～22%，鲜食品质优。属于早熟品种。

夏　黑

5.醉金香

果粒倒卵形，绿黄色，果粉中等，自然粒8～10克，无核化栽培后12克左右，果肉较软，味极甜，皮涩，有茉莉香味，可溶性固形物含量18％～22％，鲜食品质优。属于中熟品种。

醉金香

6.阳光玫瑰

果粒倒卵形，黄绿色，果皮中厚，果粉薄，无核化栽培平均粒重12～15克，味甜，有复合型玫瑰香味，无涩味，可溶性固形物含量18%～23%，鲜食品质优。属于晚熟品种。

阳光玫瑰

二、葡萄质量安全风险隐患

1.农药不合规使用

葡萄发芽抽梢和果实生长期间，气候湿热多雨，葡萄易发生霜霉病、灰霉病、黑痘病等多种病害。为省时省力，种植者往往多病共治，同时将多种农药混用或者与叶面肥混用等，如使用不当，农药有效成分易重合，造成药害，也可能造成多种农药同时残留，形成质量安全隐患。

2. 植物生长调节剂的困惑

如何使用植物生长调节剂是困扰葡萄产业发展的核心问题之一。一方面，部分葡萄品种在栽培过程中需要适量适时使用植物生长调节剂，另一方面部分种植者使用方法不当，引起了媒体聚焦和消费者恐慌。

近几年，几乎每年都有葡萄使用植物生长调节剂引起的舆情报道。如"无核葡萄""激素葡萄""膨大葡萄""催熟葡萄"等。不断加剧了公众对植物生长调节剂的担忧。

植物生长调节剂 →

三、葡萄生产五大关键技术

1.健康栽培

做到"果园四个基本"：基本无杂草、基本不套种、基本无落叶、基本无病果。减少菌源，加强蔓、叶、果规范管理，及时定穗、整穗、疏果。

合理密植：提倡先密后稀，每亩*栽培密度由260棵逐渐减少到16棵。

控产提质：每亩控产1 000～1 500千克，穗重400～750克。及时定穗、整穗、疏果。有色欧美种控制在1 250千克以内，有色欧亚种控制在1 500千克以内。

通风透光：做到光合带、结果带和通风带"三带"规范，葡萄种植密度合理、排列有序、通风透光好。

---

* 亩为非法定计量单位，1亩 ≈ 667米^2。

2.设施栽培

南方雨水多，湿度高，极易发生病虫害。因此，长江以南地区种植葡萄必须实行避雨或保温设施栽培。连栋钢管大棚的搭建方式是单棚宽4.8～6米，高3～3.5米，肩高1.8～2米，长30～60米，棚两边均需要有80厘米的散热带；连棚数以5连棚为宜，不宜太长、太宽，否则易产生热害。棚膜采用0.06毫米（6丝）多功能抗老化膜。顶膜用新膜，建议一年一换，围膜可用旧膜。

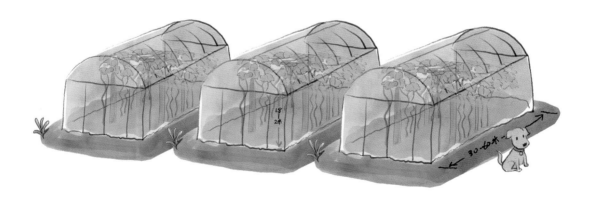

3.绿色防控

粘虫色板诱杀

在葡萄的整个生长期均可以使用，将粘虫色板悬挂于架面靠近根部的第一或第二道铁丝上，与铁丝方向平行，色板上端距离葡萄架面10厘米为宜，每亩用量20～30块。需及时更换粘虫色板或者重新涂胶。可用蓝板诱杀果蝇、蓟马，用黄板诱杀叶蝉和蚜虫。

性诱剂／诱杀剂

性诱剂/诱杀剂：通常每亩用2个，悬挂后有效期为4～6个月。市场供应的配套性诱剂诱芯有防控葡萄透翅蛾、葡萄花翅小卷蛾、葡萄小食心虫、葡萄褐卷蛾、葡萄长须卷叶蛾、斜纹夜蛾等的。

杀虫灯

虫害可用频振式杀虫灯诱杀，放置时按照产品说明操作，一般每30亩范围内设置1～2盏频振式杀虫灯，用于防治葡萄透翅蛾、绿盲蝽等害虫。

套　袋

设施栽培葡萄选择纸袋或无纺布袋，露地栽培应选用耐风吹雨淋、不易破损，有较好透气性和透光性的纸袋。套袋时间一般在葡萄开花后20～30天。疏果后、套袋前应喷一次保护性杀菌剂，待药剂干后进行套袋。摘袋时间应根据品种决定，对于无色品种或果实容易着色品种（如夏黑），可以在采收时摘袋，深色或不易着色品种（如红地球、巨玫瑰、火焰无核）一般在果实采收前15～30天摘袋。

4. 合理用药

合理用药"三做到"

做到"**选对药**"：根据葡萄病虫害的发生种类和情况选用适宜农药，掌握关键防控时期，交替用药避免抗性。严禁使用国家明令禁止的农药。

做到"**合理用**"：参照浙江省农产品质量安全学会发布的《葡萄主要病虫防治用药指南》，遵循"预防为主、综合防治"的基本原则，提倡"前重后保"，注意8个关键防治时期。

做到"**间隔到**"：严格控制农药安全间隔期、施药量和施药次数。

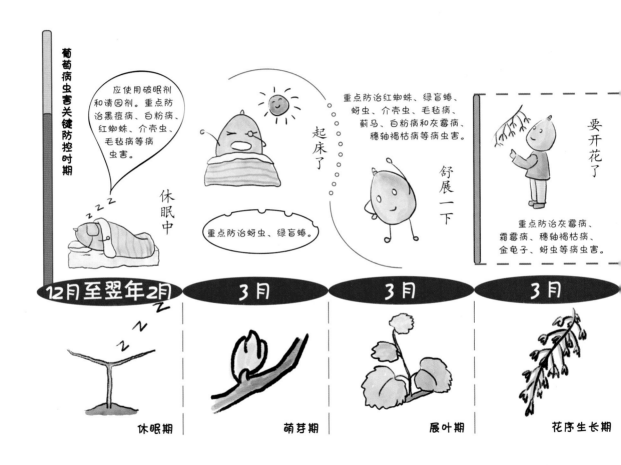

花谢

重点防治白腐病、炭疽病、灰霉病、白粉病等病害，这次用药要和花前用药相交叉，以增强防治效果。

重点防治灰霉病、白腐病、炭疽病、白粉病、霜霉病、酸腐病、穗轴褐枯病、蚜虫、粉蚧等病虫害。

葡萄宝宝

少年葡萄

重点防治灰霉病、霜霉病、白粉病、白腐病、穗轴褐枯病、短须螨、粉蚧等病虫害。

重点防治白粉病、霜霉病、天蛾、叶蝉、吸果夜蛾等病虫害。

我是优秀的！

成年葡萄

| 4月 | 5～6月 | 7～8月 | 9～11月 |

谢花后

浆果生长期

成熟期

枝蔓老熟期

葡萄主要病虫害防治用药建议

表1　葡萄主要病虫防治用药建议

防治对象	农药通用名	有效成分含量与剂型	制剂用药量	使用方法	使用时期	每季最多使用次数	安全间隔期（天）
灰霉病	啶酰菌胺[a]	50%水分散粒剂	500～1 500倍液	喷雾	花前1～3天	2	7
	咯菌腈[a]	50%可湿性粉剂	1 000～2 000倍液	喷雾	花后	2	14
	异菌脲[a b]	500克/升悬浮剂	750～1 000倍液	喷雾	花前、花后、幼果期	2	14
	嘧菌环胺[a]	50%水分散粒剂	600～1 000倍液	喷雾	花前、花后、幼果期	2	14

（续）

防治对象	农药通用名	有效成分含量与剂型	制剂用药量	使用方法	使用时期	每季最多使用次数	安全间隔期（天）
霜霉病	吡唑醚菌酯 [a]	30%水分散粒剂	1 000~2 000倍液	喷雾	发病前	2	14
	双炔酰菌胺 [a]	23.4%悬浮剂	1 500~2 000倍液	喷雾	发病初期、开花期、幼果期、中果期、转色期	2	7
	哈茨木霉菌 [a]	3亿 CFU/克可湿性粉剂	200~250倍液	喷雾		—	—
	丁子香酚 [a]	0.3%可溶液剂	500~650倍液	喷雾	发病初期、开花期、幼果期、中果期、转色期	—	—
	啶氧菌酯 [a]	22.5%悬浮剂	1 500~2 000倍液	喷雾		2	14
	霜脲氰 [a]	20%水分散粒剂	2 000~2 500倍液	喷雾		2	15
	氢氧化铜	46%可湿性粉剂	1 750~2 000倍液	喷雾	采收后使用（不能喷在果实上，容易产生药斑）	2	35
	喹啉铜 [a]	33.5%悬浮剂	750~1 500倍液	喷雾	发病前/套袋后使用	2	14

（续）

防治对象	农药通用名	有效成分含量与剂型	制剂用药量	使用方法	使用时期	每季最多使用次数	安全间隔期（天）
霜霉病	波尔多液[a]	86%水分散粒剂	400～450倍液	喷雾	开花前或套袋后	2	14
白腐病	唑醚·啶酰菌	38%水分散粒剂	1 500～2 500倍液	喷雾	发病前	2	10
	戊唑醇[a]	250克/升水乳剂	2 000～2 500倍液	喷雾	软熟期（花期和幼果期不建议使用）	2	7
白粉病	戊菌唑[a]	10%水乳剂	2 000～4 000倍液	喷雾	幼果期不建议使用	2	30
	石硫合剂[a]	45%结晶粉剂	3～5波美度	喷雾	修剪、清园期	2	15
	己唑醇[a]	25%悬浮剂	8 350～11 000倍液	喷雾	软熟期（花期和幼果期不建议使用）	2	21
	嘧啶核苷类抗菌素[a]	4%水剂	400倍液	喷雾	开花前、幼果期	2	7
	肟菌酯[a]	50%水分散粒剂	3 000～4 000倍液	喷雾	果实膨大期	2	14

（续）

防治对象	农药通用名	有效成分含量与剂型	制剂用药量	使用方法	使用时期	每季最多使用次数	安全间隔期（天）
酸腐病	吡丙醚	5%水乳剂	250～400倍液	诱杀	成熟期	—	—
黑痘病	氟硅唑[a]	400克/升乳油	8 000～10 000倍液	喷雾	花前（花期和幼果期不建议使用）	2	28
	啶氧菌酯[a]	22.5%悬浮剂	1 500～2 000倍液	喷雾	花后	2	14
炭疽病	抑霉唑[a]	20%水乳剂	800～1 200倍液	喷雾	花后、套袋前	2	7
	多抗霉素B[a]	16%可溶粒剂	2 500～3 000倍液	喷雾	发病前或发病初期	2	14
	波尔多液[a]	86%水分散粒剂	1 384～2 307毫克/千克	喷雾	发病前或发病初期（不能喷在果实上，容易产生药斑）	2	14
介壳虫、蚜虫、蓟马	噻虫嗪[a]	25%水分散粒剂	4 000～5 000倍液	喷雾	萌芽期至新梢生长期、开花前后	2	7

（续）

防治对象	农药通用名	有效成分含量与剂型	制剂用药量	使用方法	使用时期	每季最多使用次数	安全间隔期（天）
绿盲蝽	苦皮藤素 [a]	1%水乳剂	30～40毫升/亩	喷雾	展叶期至新梢生长期	2	10
红蜘蛛	阿维·哒螨灵	10%乳油	1 500～3 000倍液	喷雾	开花前后、套袋后	2	20
透翅蛾	氯虫苯甲酰胺	35%水分散粒剂	17 500～25 000倍液	喷雾	开花前后	2	14

注1　a为葡萄上已登记农药；b为不适宜寒香蜜品种；

注2　国家禁用的农药自动从本清单中删除；

注3　使用名称相同、含量或剂型不同的农药，需注意制剂用药量、安全间隔期和每季最多使用次数等应符合农药标签要求。

葡萄上不推荐使用农药清单

表2　葡萄转色期不推荐使用的农药

农药品种	不推荐理由
腐霉利、炔螨特	存在潜在膳食暴露风险
乙烯利	容易产生药害
多菌灵	对炭疽病有抗性
烯酰吗啉、嘧菌酯	对霜霉病有抗性

5.科学使用植物生产调节剂

葡萄上已登记的植物生长调节剂：S-诱抗素、萘乙酸、氯吡脲、赤霉酸、噻苯隆、丙酰芸薹素内酯、芸薹素内酯和单氰胺共8种，并且这8种植物生长调节剂中，单氰胺、噻苯隆和氯吡脲已制定了限量。

农业主管部门登记可用的植物生长调节剂

植物生长调节剂
- 氯吡脲
- 赤霉酸
- S-诱抗素
- 噻苯隆
- 单氰胺
- 丙酰芸薹素内酯
- 芸薹素内酯
- 萘乙酸

植物生长调节剂使用方法

使用植物生长调节剂，需要根据植物生长调节剂使用说明，采用全穗喷雾（应注意喷施均匀）或浸果穗处理。

夏黑具有天然无籽，坐果差，果粒小的特性，可进行2～3次处理，在新叶生长至8叶期，用5～10毫克/升20%赤霉酸可溶粉剂进行拉花；盛花期至谢花1～2天后用0.1%氯吡脲可溶液剂1～2微克/毫升+20%赤霉酸可溶粉剂25～40微克/毫升保果；果粒豌豆至黄豆大小时，用0.1%氯吡脲可溶液剂6～10微克/毫升+20%赤霉酸可溶粉剂40～50微克/毫升促进果实膨大。

巨峰系一般处理两次，第一次处

理时间一般为盛花期至谢花后1～2天，推荐用0.1%氯吡脲可溶液剂1～2微克/毫升+20%赤霉酸可溶粉剂25～40微克/毫升；果粒豌豆至黄豆大小时，建议用0.1%氯吡脲可溶液剂6～10微克/毫升+20%赤霉酸可溶粉剂40～50微克/毫升。

　　藤稔和醉金香，谢花后3～4天，使用0.1%氯吡脲可溶液剂3～5微克/毫升+20%赤霉酸可溶粉剂20～25微克/毫升，果实膨大处理采用0.1%氯吡脲可溶液剂6～10微克/毫升+20%赤霉酸可溶粉剂40～50微克/毫升。

　　注意事项：植物生长调节剂的使用效果和安全性与葡萄品种、长势、处理时生育期、天气情况、使用方法、施药器械、操作技术等因素有关，以上介绍的使用方法及用量仅供参考，无使用经验的地区或品种，应先小面积试验，成功后再扩大使用。

四、葡萄生产十项管理措施

1．建园

（1）应选择生态环境良好、无污染且远离污染源、排灌畅通、土壤肥沃、土地平整、地势较高的田地建园。

（2）高标准建棚：特别是沿海地区，所建大棚必须牢固，抗雪、抗风能力要强。

（3）要充分留好散热带，散热要好、要快。

2.定植管理

定植前必须开好种植沟，施好底肥。定植沟深30 ～ 50厘米，沟宽60 ～ 80厘米，每亩施2 000千克畜肥或1 000千克商品有机肥和100千克磷肥。填土整成如图所示的沟深30 ～ 50厘米、沟宽60 ～ 80厘米的栽植畦。定植前，要修剪葡萄苗根系，二次消毒；种植要浅，并浇足定根水。

3. 保温控温

葡萄盖棚后，最好保持26～30℃有效温度。不能出现长时间超30℃高温。也可以使用智能化自动摇膜器，实现自动保温控温。

4.枝梢管理

冬季修剪

修剪时间：自然落叶1个月后至翌年1月间。

修剪方法：

（1）幼树 第一年留3～4芽定植，选留1根新梢作主干，根据架式待新梢长至70～150厘米时摘心，再培养2～4个副梢作为结果母枝。

（2）结果树 欧亚种结果母枝采用中长梢修剪（6～10芽为主），留4～8根新梢（根据株距定）；欧美杂交种结果母枝一般采用中梢（5～7芽为主），留4～6（根据株距定）根新梢。更新枝2根，留2～3芽修剪。

H形整形

整形过程：留3芽定植，萌芽后留2个新梢；待新梢长至5叶时留1壮梢，立杆绑缚，保持直立生长，及时抹去侧副梢；新梢长至第一道钢丝下20厘米处摘心，其顶上2个副梢（作支蔓90～120厘米长），向左右两侧绑缚，长至100厘米左右时摘心；两个支蔓再留顶副梢2个（作龙蔓4～8米长），左右反方向绑缚，葡萄各品种主梢均以"6+4+5"或"6+9"叶剪梢（摘心），每根枝条15片叶，每亩约4万张叶片。

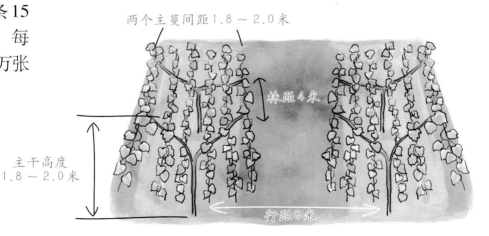

两个主蔓间距1.8～2.0米

株距4米

主干高度 1.8～2.0米

行距8米

5.花穗管理

定 穗

　　每一结果枝留一穗,弱枝不留果穗。欧美杂交种有籽葡萄品种无核化处理,结果枝与营养枝按1∶1～1.5∶1配置。

整 穗

结果枝与营养枝按
1∶1～1.5∶1配置

　　欧亚种:花前5～7天掐穗尖和除副穗。大穗掐去1/3～1/2副穗,去穗尖,除基部数个小穗轴,保留支穗11～15个;中穗掐去1/3,摘去副穗。

　　欧美杂交种:花前3～5天掐穗尖和除副穗。有籽栽培花序留穗尖10厘米,每个支穗保留10粒花蕾。无核化处理的花序留穗尖4～7厘米(成熟时单穗重450～1 125克)。

多次疏果

　　在葡萄开始开花后约22天，能区分大小果时，即进行疏果。每穗留果粒数：中大粒种每穗留40～60粒，小粒种留80粒左右。欧亚种整成分歧肩形或短圆锥形，欧美杂交种整成圆柱形。

　　要求一个葡萄园所有果穗大小基本一致，果粒大小基本一致，着色整齐，成熟一致。

掐去1/3～1/2副穗

中大粒种每穗留40～60粒
小粒种每穗留80粒左右

6．肥水管理

根据品种特性施肥，确保开花前蔓叶不徒长，坐果后蔓叶不快长；每年秋季结合施基肥深翻土壤，将畦面的病菌、害虫翻入土中，减小虫源、病原菌；开深畦沟，合理供水，及时排水降低地下水位；萌芽后畦面覆盖反光地膜或除草布，降低棚内湿度；确保根系生长健壮，树体抗性好，可减轻病虫害发生。根据品种需肥特性和树体生长情况施肥：

（1）幼龄树　8月前以施氮肥为主，8月后以施磷、钾肥为主，薄肥勤施。

（2）成年树　氮（N）：磷（P_2O_5）：钾（K_2O）=1：0.5：1.3

基肥：腐熟有机肥1 000千克或商品有机肥500千克。

稳果肥：高氮中钾复合肥，如N：P_2O_5：K_2O配比20：9：16的配方肥20千克左右。

壮果肥：低氮高钾复合肥，如N：P_2O_5：K_2O配比12：8：25的配方肥40千克左右。

采后肥：高氮中钾复合肥，如N：P_2O_5：K_2O配比20：9：16的配方肥20千克左右。

（3）施肥方法

基肥：以有机肥为主，在树两侧距树干60～80厘米处开条沟施肥，与土拌匀后将沟填平，每年交换位置；

追肥：条沟施，施肥沟远近以沟内少量见根为原则；

叶面肥：氨基酸钙镁型水溶肥500～800倍液叶面喷施，施用量以叶片正反两面湿润为宜。

需要注意：

（1）有机肥需充分腐熟，配合灌水。

（2）限制含氯化肥的使用。

7. 产品检测

采摘前，对果品进行农药残留检测，可委托有资质单位或自行检测。检测合格后方可上市销售。检测报告至少保存两年。

8.清洁化采摘

采摘的同时应捡出病果。要避免破坏果粉以保证葡萄的商品性。套袋的粉红色品种或不易着色或着色不均匀的葡萄品种，应在采前半月左右拆袋，以促进着色。

9. 分级包装

对采摘的果品进行分级，包装材料应该无毒、无害、无异味，包装薄膜袋的卫生指标应符合国标（GB 9687）的规定材料要求。包装前葡萄应保持新鲜、清洁、完整的状态，装箱时葡萄要按顺序摆放，防止挤压。长距离运输应采取预冷和控温措施，避免温度波动过大。

10. 标识上市

上市销售时，应出具合格证。鼓励应用二维码等现代信息技术和网络技术，建立葡萄追溯信息体系，将葡萄生产、运输流通、销售等各节点信息互联互通，实现葡萄从生产到餐桌的全程质量管控。

五、葡萄生产投入品管理

1. 选购

农资采购注意"三要三不要"。

一要看证照

　　要到经营证照齐全、经营信誉良好的合法农资商店购买。不要从流动商贩或无证经营的农资商店购买。

二要看标签

　　购买农药，应查看产品包装和标签标识上的农药名称、有效成分及含量、农药登记证号、农药生产许可证号或农药生产批准文件号、产品标准号、企业名称及联系方式、生产日期、产品批号、有效期、用途、使用技术和使用方法、毒性等事项，查验产品质量合格证。不要盲目轻信广告宣传和商家的推荐。不使用过期农药。

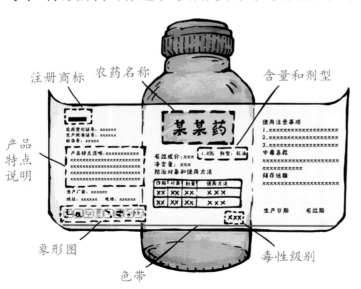

注册商标　　农药名称　　　　含量和剂型

产品特点说明

某某药

象形图

色带

毒性级别

三要索取票据

　　要向农资经营者索要销售凭证，并连同产品包装物、标签等妥善保存好，以备出现质量等问题时作为索赔依据。不要接受未注明品种、名称、数量、价格及销售者的字据或收条。

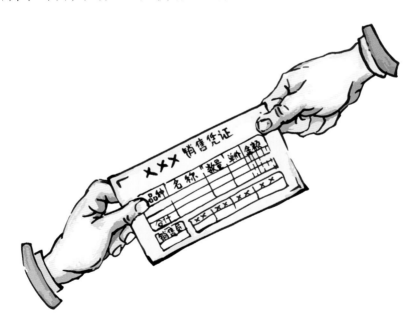

2.存放

农业投入品存放仓库宜清洁、干燥、安全，有相应的标识，并配备通风、防潮、防火、防爆、防虫、防鼠、防鸟和防止渗漏等设施；不同种类的农业投入品分区域存放，农药可以根据不同防治对象分区存放，并清晰标识，避免错拿。危险品应有危险警告标识；有专人管理，并有进出库领用记录。

3.使用

　　为保障农资使用者人身安全，特别是预防农药中毒，操作者作业时须穿戴保护装备如帽子、保护眼罩、口罩、手套、防护服等。身体不适时，不宜喷洒农药。农药喷洒前后，不宜饮酒。喷洒农药后，出现呼吸困难、呕吐、抽搐等症状立即就医，并准确告诉医生喷洒农药名称及种类。

4.清理

将剩余药液、施药器械清洗液、农药包装容器等及时收集并妥善处置，禁止随意丢弃在葡萄园中或其附近。

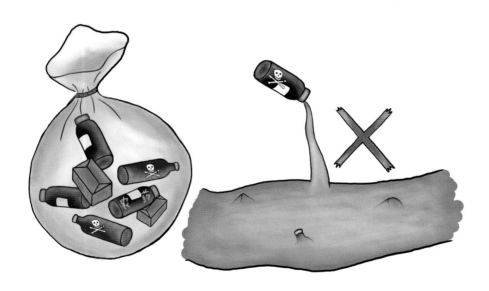

5.记录

保留农药使用记录，包括所用农药的生产企业名称、产品名称、有效成分及含量、登记证号、安全间隔期以及施药时间、施药地点、施药方法、稀释倍数、施药人员等信息。

六、产品认证

应积极实施产品认证，申请无公害农产品、绿色食品和农产品地理标志产品，实施品牌化经营。

无公害农产品

无公害农产品，是指产地环境、生产过程和产品质量符合国家有关标准和规范的要求，经认证合格获得认证证书并允许使用无公害农产品标志的未经加工或初加工的食用农产品。

绿色食品

绿色食品，是指产自优良生态环境、按照绿色食品标准生产、实行全程质量控制并获得绿色食品标志使用权的安全、优质食用农产品及相关产品。

农产品地理标志

农产品地理标志，是指标示农产品来源于特定地域，产品品质和相关特征主要取决于自然生态环境和历史人文因素，并以地域名称冠名的特有农产品标志。

附　　录

1. 农药基本知识

农药分类

杀　虫　剂

　　主要用来防治农、林、卫生、储粮及畜牧等方面的害虫。

杀　菌　剂

　　对植物体内的真菌、细菌或病毒等具有杀灭或抑制作用，用以预防或防治作物的各种病害的药剂。

除 草 剂

　　用来杀灭或控制杂草生长的农药。

植物生长调节剂

　　人工合成或天然的具有天然植物激素活性的物质。

农药毒性分级及其标识

农药毒性分为剧毒、高毒、中等毒、低毒、微毒五个级别。

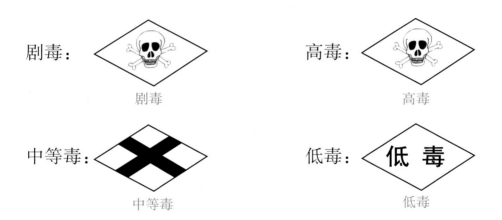

剧毒：

剧毒

高毒：

高毒

中等毒：

中等毒

低毒：低 毒

低毒

微毒：　微毒

安全使用农药象形图

象形图应当根据产品实际使用的操作要求和顺序排列，包括储存象形图、操作象形图、忠告象形图、警告象形图。

储存象形图

放在儿童接触不到的地方，并加锁。

操作象形图

配制液体农药时，……。 　　配制固体农药时，……。 　　喷药时，……。

忠告象形图

戴手套　　　　　　戴防护罩　　　　　　戴防毒面具

用药后需清洗　　　　戴口罩　　　　　　穿胶靴

警告象形图

危险/
对家畜有害 　　危险/
对鱼有害，不要污染湖泊、河流、池塘和小溪

2.植物生产调节剂6问

问题1. 植物生长调节剂＝植物外源激素＝动物激素吗?

　　植物生长调节剂是一类具有调节和控制植物生长发育作用的农业投入品，国家将其归为四大类农药中的一类进行管理，由人工合成或通过微生物发酵产生，也可从植物体中直接提取，俗称植物激素。如，脱落酸，既是植物内源激素，也可以人工合成作为植物生长调节剂。激素是生物体在正常生长发育过程中必不可少的，缺乏激素或激素不够，会直接影响生物体的正常生长发育。植物激素针对植物起作用，动物激素调控动物的生长发育，两者的作用靶标和机理完全不同。植物生长调节剂也叫植物外源激素，它的作用与植物体内自身产生的植物内源激素相同或类似，但它与动物激素完全不同，对人体生长发育无作用和影响。

问题2．国外用不用植物生长调节剂？

植物生长调节剂在全世界得到广泛应用，包括美国、日本或欧盟等发达国家或地区。目前全球正在使用的植物生长调节剂约有40种，如乙烯利、赤霉酸、萘乙酸、吲哚丁酸、多效唑、矮壮素等，主要应用在水果、蔬菜、马铃薯、大豆等作物上。如欧盟已登记了26个有效成分和197个制剂产品，允许这些植物生长调节剂在登记范围内的农作物上使用。

问题3.是不是所有的葡萄都用植物生长调节剂?

不是所有葡萄品种都需要使用植物生长调节剂处理,但某些三倍体葡萄品种(如夏黑),如果不做膨大处理,则果粒小、品质差、无商品价值;部分自然坐果率较差的品种(如巨峰),若不用保果药剂进行保果处理,很容易发生落花落果的情况,尤其在花期前后天气不好,往往落花落果严重。

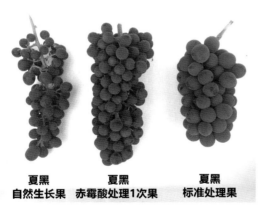

夏黑   夏黑   夏黑
自然生长果   赤霉酸处理1次果   标准处理果

问题4. 什么样的植物生长调节剂可以使用？

依据我国《农药管理条例》，植物生长调节剂是按照农药来管理的，只有取得登记并办理了生产许可后，方可进行生产、经营和使用。我国对植物生长调节剂登记要求十分严格，申请登记前需要进行大量试验，从产品质量、药效、毒理学、残留、环境影响等方面进行严格审查和科学评价，只有各种试验证明其具有较好的功效、对人和动物安全、环境友好时，方可批准登记。我国目前已登记允许使用的植物生长调节剂共38种，常用的有乙烯利、2,4-滴和赤霉酸等近10种，主要用于部分瓜果、蔬菜等作物。我国已制定了12种植物生长调节剂在47种农产品、食品中的73项最大残留限量标准，并将植物生长调节剂残留列入了农产品质量安全例行监测和风险评估范围，对植物生长调节剂使用后的安全性实施监测和跟踪评估，以确保农产品质量安全。葡萄上登记了8种植物生长调节剂，根据标签指示，可以合理使用。

激素→

问题5. 葡萄上使用植物生长调节剂是不是量越大效果越好？

葡萄上使用植物生长调节剂应适量、适时，使用过量会对葡萄产生副作用。

如赤霉酸和氯吡脲使用不当可能对葡萄花序产生副作用，引起穗梗变粗、硬化、裂果、脱粒等，失去商品价值。所以，药剂浓度一定不能随意增加。初次操作没有把握者切不可盲目大面积使用。使用乙烯利或含乙烯利成分的药剂浓度过高或喷施剂量过大，易导致葡萄叶片过早衰老、黄化和掉粒等副作用。

问题6．使用过植物生长调节剂的葡萄是否安全？

根据我国农业农村部农产品质量安全风险评估实验室评估结果，我国葡萄中检出的植物生长调节剂种类少、残留量少、膳食风险低，可放心食用。

3. 葡萄生产中禁止使用的农药清单

　　《中华人民共和国食品安全法》第四十九条规定：禁止将剧毒、高毒农药用于蔬菜、瓜果、茶叶和中草药材等国家规定的农作物；第一百二十三条规定：违法使用剧毒、高毒农药的，除依照有关法律、法规规定给予处罚外，可以由公安机关依照规定给予拘留。根据相关法规，葡萄上禁用农药如下：六六六、滴滴涕、毒杀芬、二溴氯丙烷、二溴乙烷、除草醚、艾氏剂、狄氏剂、汞

制剂、砷类、铅类、敌枯双、氟乙酰胺、甘氟、毒鼠强、氟乙酸钠、毒鼠硅、甲胺磷、对硫磷、甲基对硫磷、久效磷、磷胺、氟虫腈、苯线磷、地虫硫磷、甲基硫环磷、磷化钙、磷化镁、磷化锌、硫线磷、

蝇毒磷、治螟磷、特丁硫磷、氯磺隆、胺苯磺隆、甲磺隆、福美胂、福美甲胂、甲拌磷、甲基异柳磷、内吸磷、克百威、涕灭威、灭线磷、硫环磷、氯唑磷、氧乐果、杀虫脒、三氯杀螨醇、溴甲烷、毒死蜱、三唑磷、水胺硫磷、杀扑磷、氰戊菊酯、氯化苦、硫丹、磷化铝、氯苯虫酰胺、丁酰肼、百草枯、八氯二苯醚、2,4-滴丁酯和灭多威等，以及国家规定禁止使用的其他农药。

4. 我国葡萄中农药最大残留限量（GB 2763—2017）

序号	中文名	最大残留限量 （毫克／千克）	食品名称	是否登记或禁用
1	萘乙酸和萘乙酸钠	0.1	葡萄	萘乙酸作为PGR登记
2	2,4-滴和2,4-滴钠盐	0.1	浆果及其他小型水果	
3	乙酰甲胺磷	0.5	浆果及其他小型水果	
4	啶虫脒	2	浆果及其他小型水果	
5	涕灭威	0.02	浆果及其他小型水果	果树禁用
6	艾氏剂	0.05	浆果及其他小型水果	禁用
7	唑嘧菌胺	2（T）	葡萄	复配登记
8	杀草强	0.05	葡萄	
9	保棉磷	1	葡萄	
10	三唑锡	0.3	葡萄	
11	嘧菌酯	5	葡萄	登记
12	苯霜灵	0.3	葡萄	
13	联苯肼酯	0.7	葡萄	
14	啶酰菌胺	5	葡萄	登记
15	溴螨酯	2	葡萄	

（续）

序号	中文名	最大残留限量 （毫克／千克）	食品名称	是否登记或禁用
16	硫线磷	0.02	浆果及其他小型水果	禁用
17	毒杀芬	0.05（T）	浆果及其他小型水果	禁用
18	克菌丹	5	葡萄	登记
19	多菌灵	3	葡萄	复配登记
20	克百威	0.02	浆果及其他小型水果	果树禁用
21	氯虫苯甲酰胺	1（T）	浆果及其他小型水果	
22	氯丹	0.02	浆果及其他小型水果	
23	杀虫脒	0.01	浆果及其他小型水果	禁用
24	百菌清	0.5	葡萄	登记
25	四螨嗪	2	葡萄	
26	蝇毒磷	0.05	浆果及其他小型水果	禁用
27	氰胺	0.05（T）	葡萄	
28	氰霜唑	1（T）	葡萄	登记
29	氯氟氰菊酯和高效氯氟氰菊酯	0.2	浆果及其他小型水果	
30	三环锡	0.3	葡萄	
31	霜脲氰	0.5	葡萄	复配登记
32	氯氰菊酯和高效氯氰菊酯	0.2	葡萄	

（续）

序号	中文名	最大残留限量 （毫克／千克）	食品名称	是否登记或禁用
33	嘧菌环胺	20	葡萄	登记
34	滴滴涕	0.05	浆果及其他小型水果	禁用
35	溴氰菊酯和四溴菊酯	0.2	葡萄	
36	内吸磷	0.02	浆果及其他小型水果	果树禁用
37	苯氟磺胺	15	葡萄	
38	敌敌畏和二溴磷	0.2	浆果及其他小型水果	
39	氯硝胺	7	葡萄	
40	狄氏剂	0.02	浆果及其他小型水果	禁用
41	苯醚甲环唑	0.5	葡萄	登记
42	烯酰吗啉	5	葡萄	登记
43	烯唑醇	0.2	葡萄	登记
44	敌螨普	0.5（T）	葡萄	
45	异狄氏剂	0.05	浆果及其他小型水果	
46	氟环唑	0.5	葡萄	登记
47	乙烯利	1	葡萄	
48	灭线磷	0.02	浆果及其他小型水果	果树禁用
49	苯线磷	0.02	浆果及其他小型水果	禁用
50	氯苯嘧啶醇	0.3	葡萄	

（续）

序号	中文名	最大残留限量 （毫克／千克）	食品名称	是否登记或禁用
51	腈苯唑	1	葡萄	
52	苯丁锡	5	葡萄	
53	环酰菌胺	15（T）	葡萄	
54	杀螟硫磷	0.5（T）	浆果及其他小型水果	
55	甲氰菊酯	5	葡萄	
56	倍硫磷	0.05	浆果及其他小型水果	
57	氰戊菊酯和 S-氰戊菊酯	0.2	浆果及其他小型水果	
58	氟虫腈	0.02	浆果及其他小型水果	限用
59	氟吗啉	5（T）	葡萄	复配登记
60	氟硅唑	0.5	葡萄	登记
61	灭菌丹	10	葡萄	
62	地虫硫磷	0.01	浆果及其他小型水果	禁用
63	氯吡脲	0.05	葡萄	登记
64	三乙膦酸铝	10（T）	葡萄	复配登记
65	草甘膦	0.1	浆果及其他小型水果	
66	氟吡甲禾灵	0.02	葡萄	
67	七氯	0.01	浆果及其他小型水果	

（续）

序号	中文名	最大残留限量 （毫克/千克）	食品名称	是否登记或禁用
68	六六六（HCH）	0.05	浆果及其他小型水果	禁用
69	己唑醇	0.1	葡萄	登记
70	噻螨酮	1	葡萄	
71	亚胺唑	3（T）	葡萄	登记
72	双胍三辛烷基苯磺酸盐	1（T）	葡萄	登记
73	异菌脲	10	葡萄	登记
74	氯唑磷	0.01	浆果及其他小型水果	果树禁用
75	水胺硫磷	0.05	浆果及其他小型水果	柑橘树禁用
76	甲基异柳磷	0.01（T）	浆果及其他小型水果	果树禁用
77	马拉硫磷	8	葡萄	
78	代森锰锌	5	葡萄	登记
79	双炔酰菌胺	2（T）	葡萄	登记
80	甲霜灵和精甲霜灵	1	葡萄	复配登记
81	甲胺磷	0.05	浆果及其他小型水果	禁用
82	杀扑磷	0.05	浆果及其他小型水果	
83	灭多威	0.2	浆果及其他小型水果	
84	代森联	5	葡萄	登记
85	灭蚁灵	0.01	浆果及其他小型水果	

（续）

序号	中文名	最大残留限量 （毫克／千克）	食品名称	是否登记或禁用
86	久效磷	0.03	浆果及其他小型水果	禁用
87	腈菌唑	1	葡萄	登记
88	氧乐果	0.02	浆果及其他小型水果	
89	百草枯	0.01（T）	浆果及其他小型水果	禁用水剂
90	对硫磷	0.01	浆果及其他小型水果	禁用
91	甲基对硫磷	0.02	浆果及其他小型水果	禁用
92	戊菌唑	0.2	葡萄	登记
93	氯菊酯	2	葡萄	
94	甲拌磷	0.01	浆果及其他小型水果	果树禁用
95	硫环磷	0.03	浆果及其他小型水果	果树禁用
96	甲基硫环磷	0.03（T）	浆果及其他小型水果	禁用
97	亚胺硫磷	10	葡萄	
98	磷胺	0.05	浆果及其他小型水果	禁用
99	辛硫磷	0.05	浆果及其他小型水果	
100	抗蚜威	1	浆果及其他小型水果	
101	咪鲜胺和咪鲜胺锰盐	2	葡萄	登记
102	腐霉利	5	葡萄	登记
103	霜霉威和霜霉威盐酸盐	2	葡萄	霜霉威盐酸盐复配登记

（续）

序号	中文名	最大残留限量 （毫克／千克）	食品名称	是否登记或禁用
104	丙森锌	5	葡萄	登记
105	吡唑醚菌酯	2	葡萄	复配登记
106	嘧霉胺	4	葡萄	登记
107	喹氧灵	2（T）	葡萄	
108	多杀霉素	0.5	葡萄	
109	螺虫乙酯	2（T）	葡萄	
110	治螟磷	0.01	浆果及其他小型水果	禁用
111	戊唑醇	2	葡萄	复配登记
112	虫酰肼	2	葡萄	
113	特丁硫磷	0.01	浆果及其他小型水果	禁用
114	噻菌灵	5	葡萄	登记
115	噻虫啉	1	浆果及其他小型水果	
116	噻苯隆	0.05（T）	葡萄	登记
117	甲基硫菌灵	3	葡萄	登记
118	甲苯氟磺胺	3	葡萄	
119	敌百虫	0.2	浆果及其他小型水果	
120	苯酰菌胺	5	葡萄	

T表示临时限量。

主要参考文献

晁无疾.2016.中国葡萄品牌建设现状及发展展望[J].中外葡萄与葡萄酒(5)135-140.

雷鸣，吴江，程建徽，等，2008.ABA与NAA对红地球葡萄果实性状的影响[J].浙江农业科学，1(2): 153-155.

刘三军，贺亮亮，宋银花，等，2016.植物生长调节剂在葡萄上的应用[A].中国园艺学会中国园艺学会果树专业委员会.

宋雯，王强，等，2017.做个有知识的"吃货"—带你认识植物生长调节剂[M].北京：中国农业出版社.

王冬群，胡寅侠，华晓霞，2014.设施葡萄农药残留风险评估[J].食品安全质量检测学报(11): 3751-3757.

王金锋，王录俊，李蕊，等，2017.避雨栽培对陕西关中平原地区葡萄生长的影响[J].北方园艺(7): 44-47.

王忠跃，王世平，刘永强，等.2017.葡萄健康栽培与病虫害防控[M].北京：中国农业科学技术出版社.

吴江，张林，柴荣耀，等，2014.葡萄全程标准化操作手册[M].杭州：浙江科学技术出版社.

杨治元，王其松，应霄，等，2015.彩图版222种葡萄病虫害识别与防治[M].北京：中国农业出版社.

张志恒, 汤涛, 徐浩, 等, 2012. 果蔬中氯吡脲残留的膳食摄入风险评估[J]. 中国农业科学, 45(10): 1982-1991.

章锦杨, 2016. 避雨栽培葡萄病虫害发生规律及防治技术 [J]. 南方农业, 10(15): 28.

中国农药信息网 [EB/OL]. http://www.chinapesticide.gov.cn/.

中华人民共和国农业部, 2002. NY/T 5088—2002 无公害食品 鲜食葡萄生产技术规程 [S]. 北京: 中国标准出版社.

中华人民共和国商务部, 2013. SB/T 10894—2012 预包装鲜食葡萄流通规范 [S]. 北京: 中国标准出版社.

中华人民共和国国家卫生和计划生育委员会, 中华人民共和国农业部, 国家食品药品监督管理局, 2016. GB 2763—2016 食品安全国家标准 食品中农药最大残留限量 [S]. 北京: 中国标准出版社.

中华人民共和国农业部, 2007. 农药标签和说明书管理办法 [EB/OL]. http://www.gov.cn/flfg/2007-12-/21/content_839360.htm.

中华人民共和国农业部, 2013. NY/T 393—2013 绿色食品 农药使用准则 [S]. 北京: 中国标准出版社.